ATLAS ÉLÉMENTAIRE

DES

TROIS RÈGNES

DE LA NATURE

Paris. — Imprimerie P.-A. Bourdier et Cⁱᵉ, 30, rue Mazarine.

TROIS RÈGNES

DE LA NATURE

PARIS

LIBRAIRIE DE L. HACHETTE ET Cⁱᵉ

RUE PIERRE-SARRAZIN, N° 14

(Près de l'École de médecine)

PLANCHE Iʳᵉ

(ANIMAUX)

Fig. 1. Orang-outang.
2. Oreillard (chauve-souris).
3. Ours.
4. Loup.
5. Lion.
6. Phoque.
7. Sarigue.

Fig. 8. Castor.
9. Tatou.
10. Éléphant.
11. Zèbre.
12. Girafe.
13. Baleine.

PLANCHE II

(ANIMAUX)

Fig. 1. Aigle.
2. Vautour.
3. Rossignol.
4. Oiseau de paradis.
5. Colibri.
6. Ara (perroquet).
7. Paon.

Fig. 8. Faisan doré.
9. Autruche d'Afrique.
10. Cigogne.
11. Flammant.
12. Pingouin.
13. Pélican.
14. Cygne.

PLANCHE III

(ANIMAUX)

Fig. 1. Tortue.
2. Crocodile du Nil.
3. Lézard.
4. Boa.
4 *bis*. Crotale (serpent à sonnettes).
5. Grenouille.
5 *bis*. Pipa (crapaud).

Fig. 6. Salamandre.
7. Carpe.
8. Brochet.
9. Turbot.
10. Anguille.
11. Diodon.
12. Requin.

PLANCHE IV

(ANIMAUX)

Fig. 1 et 2. Argonaute.
3. Ammonite.
4. Porcelaine.
5. Escargot.
6 et 6 *bis*. Huître.
7. Peigne ou pèlerine.
8. Scorpion.
9. Chenille.
10. Chrysalide ou nymphe.

Fig. 11. Papillon.
12. Carabe.
13. Sauterelle.
14. Scolopendre.
15. Crabe.
16. Sangsue.
17. Astérie.
18. Oursin.
19. Corail.

PLANCHE V

(VÉGÉTAUX)

Fig. 1. Arbre dicotylédoné (sapin).
2. Arbre monocotylédoné (palmier).
3 et 4. Plantes acotylédonées (mousse et champignon).
5. Racine pivotante.
6 et 6 *bis*. Racines fibreuses.
7. Racine tubéreuse.
8. Tronc.
9. Stipe.
10. Racine bulbeuse.
11. Feuille simple et lobée.
12. Feuille composée et palmée.
13. Feuille composée et pennée.
14. Fleur en épi.
15. Fleur en ombelle.
16. Fleur polypétale.
17. Fleur monopétale.
18. Étamine.
19. Étamines monadelphes.
20. Pistil.
21. Fleur labiée.
22. Fleur papilionacée.
23. Légume ou gousse.
24. Silique.
25. Silicule.
26. Pomme.
27. Graine de haricot.
28. Graine de haricot avec embryon visible.
29. Graine de haricot avec cotylédons visibles.

30. Fleur de renoncule.
31. Fruit de renoncule.
32. Fleur de pavot.
33. Fruit de pavot.
34. Fleur de crucifère.
35. Étamines de crucifère.
36. Fleur de caryophyllée.
37. Étamines de caryophyllée.
38. Fruit de caryophyllée.
39. Graine de coton (malvacées).
40. Fleur de cotonnier.
41. Fleur de légumineuse.
42. Étamines de légumineuse.
43. Fleur de rosacée.
44. Pistil et étamines de rosacée.
45. Fleur d'ombellifère.
46. Fruit d'ombellifère.
47. Fleur de rubiacée.
48. Cafier (rubiacées).
49. Fruit du cafier.
50. Ensemble des fleurs d'une semi-flosculeuse.
51. Demi-fleuron de semi-flosculeuse.
52. Ensemble des fleurs d'une flosculeuse.
53. Fleuron de flosculeuse.
54. Ensemble des fleurs d'une radiée.
55. Demi-fleuron de radiée.
56. Fleuron de radiée.

PLANCHE VI

(VÉGÉTAUX ET MINÉRAUX)

Fig. 1. Fleur de jasminée.
2. Olivier.
3. Borraginée.
4. Pistil de borraginée.
5. Fleur de solanée (pomme de terre).
6. Fleur de solanée (tabac).
7. Fleur de labiée.
8. Fleur de polygonée.
9. Fleur de laurier.
10. Fruit de laurier.
11. Fleurs et feuilles de châtaignier (amentacées).
12. Fleur mâle d'amentacée.
13. Fleur femelle d'amentacée.
14. Pin (conifères).
15. Fleur mâle de pin.
16. Fleur femelle de pin.

Fig. 17. Fleur d'iris.
18. Style d'iris.
19. Fruit d'iris.
20. Fleur de narcisse.
21. Intérieur de la fleur de narcisse.
22. Fruit de narcisse.
23. Fleur de liliacée.
24. Fruit de liliacée.
25. Racine de liliacée.
26. Fleur de graminée.
27 à 36. Minéraux sous la forme de cristaux.
37. Basaltes.
38. Filons.
39 à 41. Couches neptuniennes.
42. Volcan.

Dessiné par Ambroise Tardieu.
Imp. F. Janvre, Paris.

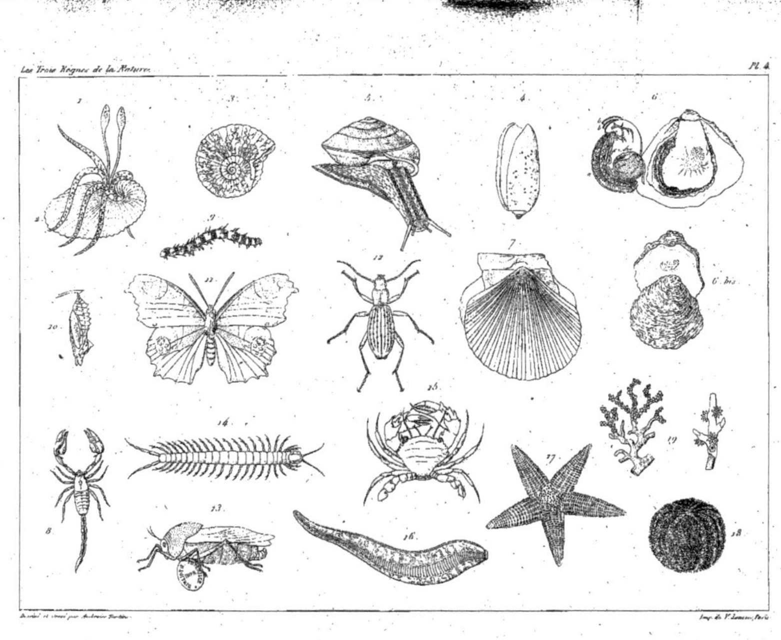

Dessiné et zincé par Ambroise Tardieu.

Imp. de V. Lanson, Paris.

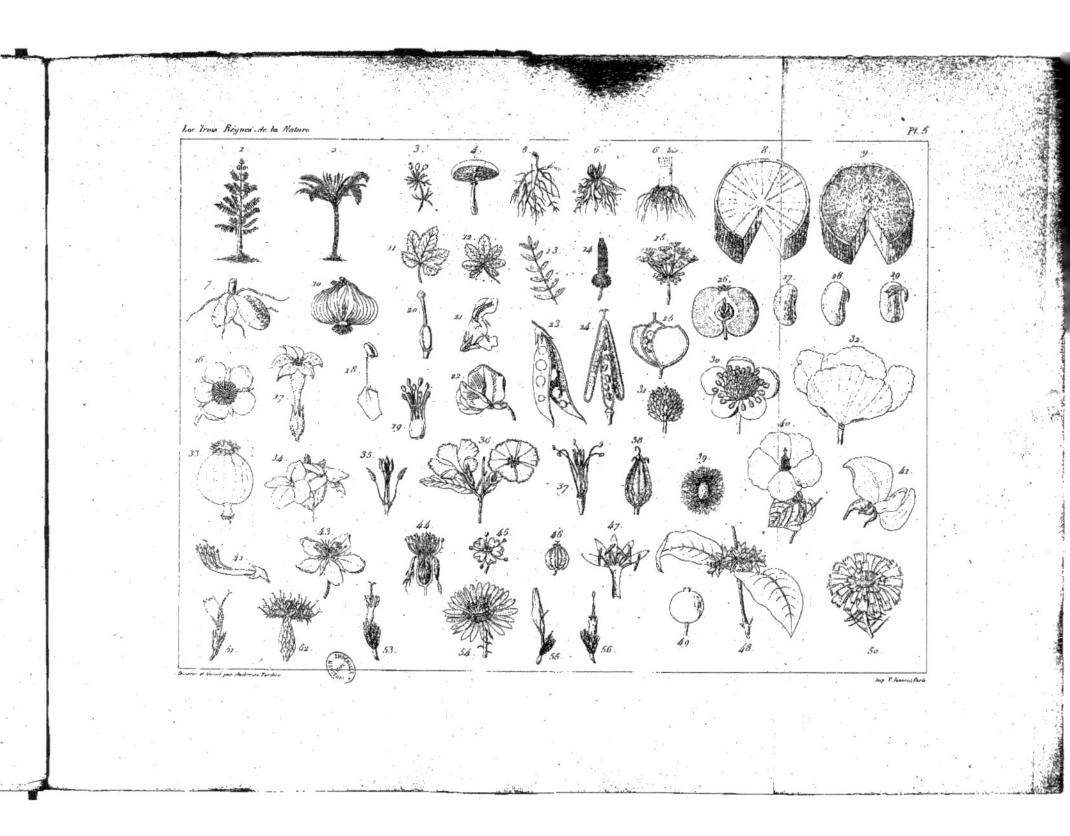

Dessiné et Gravé par Ambroise Tardieu

Imp. F. Janvier, Paris

Dessiné et gravé par Ambroise Tardieu.

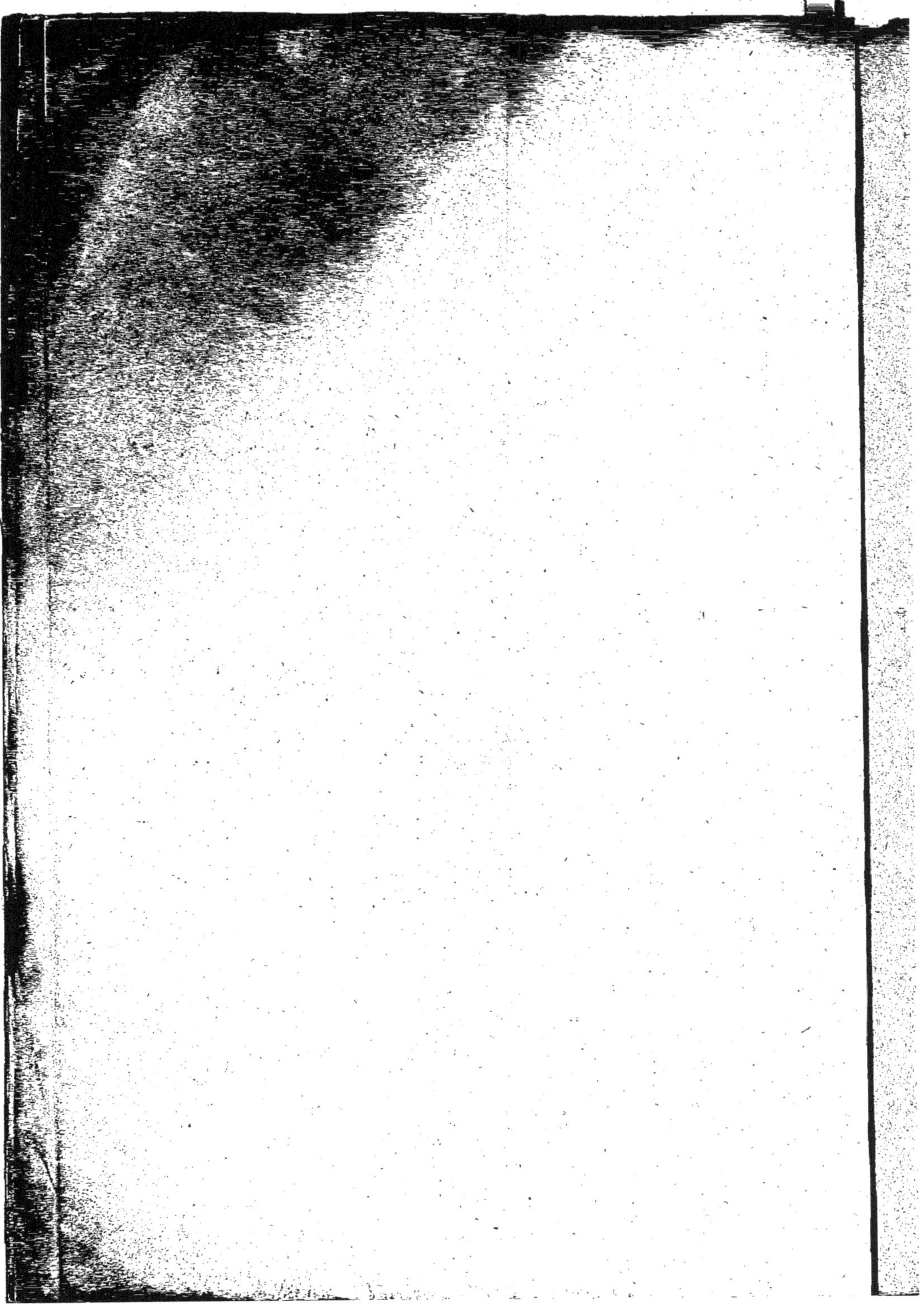